全能家居
创意提案

居室配色

庄新燕　等编著

机械工业出版社
CHINA MACHINE PRESS

本书从色彩的基本原理开始，遵循居室配色的科学规律，深入浅出地讲解了色彩对室内环境的影响。本书精选了174个经典案例，全面阐述了如何运用色彩打造出令人心动的居室环境；如何通过色彩提升不理想户型的舒适度；如何通过不同的色彩组合体现居室魅力；如何利用色彩搭配技巧优化不同生活区的功能；如何利用色彩强调不同风格的魅力与特点。丰富、经典的案例，搭配简洁的文字，附带精美、实用的线上视频资料，期待能够激发读者的设计灵感。本书适合家装设计师和装修家庭成员阅读使用。

图书在版编目（CIP）数据

全能家居创意提案. 居室配色 / 庄新燕等编著. — 北京：
机械工业出版社, 2022.6
ISBN 978-7-111-71170-4

Ⅰ. ①全… Ⅱ. ①庄… Ⅲ. ①住宅 – 室内装饰设计
Ⅳ. ①TU241

中国版本图书馆CIP数据核字(2022)第117779号

机械工业出版社（北京市百万庄大街22号　邮政编码 100037）
策划编辑：宋晓磊　　　　　责任编辑：宋晓磊　李宣敏
责任校对：刘时光　　　　　封面设计：鞠　杨
责任印制：张　博
北京利丰雅高长城印刷有限公司印刷

2022年9月第1版第1次印刷
184mm×260mm·7印张·128千字
标准书号：ISBN 978-7-111-71170-4
定价：49.00元

电话服务　　　　　　　　网络服务
客服电话:010-88361066　机 工 官 网：www.cmpbook.com
　　　　　010-88379833　机 工 官 博：weibo.com/cmp1952
　　　　　010-68326294　金 书 网：www.golden-book.com
封底无防伪标均为盗版　机工教育服务网：www.cmpedu.com

前　言

这是一套能够激发设计灵感，引导读者落实设计想法的家居书。

如今，家居创意在讲求实用性的同时更注重品位，也更加关注居住空间的精神需求和艺术价值。本套丛书共有3册，从国人的生活习惯出发，以家庭装修中的居室配色、空间规划、整理收纳为三大重点，以简洁的文字搭配大量精美案例，并附带掌上阅读视频，打破传统图书阅读的局限性，呈现不一样的家居创意设计，为读者全方位地解读家居细节的搭配技巧。

简化知识点，浅显易懂，是本套丛书的亮点之一。本书遵循居室配色的科学规律，从色彩基本原理开始，讲述色彩与空间以及配饰的关系，详细总结了空间配色中常见的规律，并通过配色实例，对居室配色的各种技巧和方法进行了完整讲述。本书在配色技巧方面的内容丰富，不仅讲解了不同色彩的色彩特点，还针对不同房间、不同户型、不同风格进行配色分析，让读者在家居配色时能对症下药。本书精选了174个精美配色案例，期待通过这些实例激发读者灵感，帮助读者利用色彩的巧妙搭配，打造出令人满意的生活空间。

参加本套丛书编写的有庄新燕、许海峰、何义玲、何志荣、廖四清、刘永庆、姚姣平、郭胜、葛晓迎、王凤波、常红梅、张明、张金平、张海龙、张淼、郇春元、许海燕、刘琳、史樊兵、史樊英、吕源、吕荣娇、吕冬英、柳燕。

目 录

第1章
令人心动的居家配色创意

热闹、欢快的印象需要鲜艳的暖色组合来表现，安静、沉稳的印象需要柔和的冷色来表现，这些完全不同的色彩印象，需要不同的色彩搭配来表达，也是居住者喜好的体现。

给人时尚感的配色创意

黑色 + 白色 + 茶色 + 灰色

掌 上 阅 读
时尚感的配色

　　白色、灰色、黑色、银色等无彩色系能给空间带来整洁、时尚的印象，同时与低纯度的冷色搭配，还可以为空间增添朴素感，若添加茶色调，则能够增添厚重感，这些色彩搭配更加能够突显出装饰效果的时尚感。

001

Idea **001**

黑白对比是增加时尚感的小秘诀

黑白两色的撞色搭配，能带来强烈的视觉冲击力，可用来提升配色的层次感，能给人

带来简洁、时尚、明快的视觉感受。

002-1

002-2

Idea 002

背景色与家具颜色的协调，塑造现代时尚感

开放式的空间内，选择浅茶色作为背景色，与餐椅的颜色搭配协调，弱化了黑色的沉闷感，也彰显了居室内的时尚感。

+2

充满自然感的配色创意

茶色 + 绿色 + 棕色

掌 上 阅 读
自 然 感 的 配 色

　　中明度、低饱和度、暖色调的色彩比较能够展现出一种温和、自然、朴素的色彩印象，其通常包括棕色、绿色、黄色等一些源于泥土、树木、花草等自然元素的色调。

Idea 003

浅茶色与木色，让空间温暖有生机

巧用木材的原色与沙发、背景墙的颜色组合在一起，再用花草进行点缀，打造出一个自然、清新的温馨小屋。

借助植物元素打造自然系空间

植物是最能营造居室自然氛围的元素之一，身处于这样的空间中，心情犹如穿过森林般自由畅快。

Idea 005

绿色与茶色为居室打造满满的自然情怀

浅茶色与木色的组合，给人带来泥土的气息，加上一片片绿色的点缀，让室内的氛围变得更加贴近自然。

+3

带来华丽感的配色创意

浓郁色调 + 复古色调 + 金色 + 银色

掌 上 阅 读
华 丽 感 的 配 色

呈现华丽感、奢华感的配色应以暖色系为色彩中心，以接近纯色的浓郁色调为主。金色、红色、橙色、紫色、紫红色这些浓、暗的暖色调能表现出一种浓郁感和充实感。

006

Idea **006**

浓郁色调装饰主题墙

电视墙的颜色浓郁而饱满，与电视柜、沙发的低明度色彩形成一定的色差，整体色彩风格给人华丽、大气的视觉感。

007

Idea 007

金色的小面积修饰，也能带来华丽感

深色被大面积地运用在卧室的地面及家具中，搭配墙面及其他家具的浅色调，给人的整体感觉沉稳、柔和，金色在家具中重复出现，面积虽小，却让空间装饰整体显得十分华丽。

Idea 008

复古红色装饰出空间的华丽氛围

复古的红色分别运用在窗帘、床品以及部分墙面中，同种颜色的深浅搭配，弱化了压抑感，再配以家具的颜色，整体配色递增有序，极具层次感。

008

掌 上 阅 读
明 快 感 的 配 色

彰显明快感的配色创意

明色调 + 暖色系 + 冷色系 + 纯色调

鲜艳明亮的色调能够营造出一种明快又有朝气的色彩印象。选用鲜艳的纯色调与明亮的明色调，可以使空间变得明快又有张力，营造出愉悦又活泼的空间氛围。

Idea 009

跳跃色彩的点缀打造空间活力

黑色和白色的对比简洁、明快，让餐厅充满了时尚感，鲜艳的黄色虽然用色面积很小，却成为配色焦点，营造出一个活力四射的空间色彩印象。

Idea 010

高饱和度色彩的妙用

红色餐椅的色彩饱和度及明度都很高，点缀在这个以白色为主色调的餐厅中，提升了整体配色的层次感，让餐厅的色彩氛围顿显明快。

Idea 011

运用暖色体现活力

明快的黄色会给人热情洋溢的感觉，表现出活力与朝气，与浅灰色、绿色组合，形成撞色对比，是营造空间活力氛围的关键。

Idea 012

高饱和度、高明度的色彩组合增强活泼感

高饱和度、高明度的蓝色和黄色组合在一起，令这个以冷色调为主的卧室增添了生动的活泼感。

打造柔和氛围的配色创意

淡色调 + 高明度色调

掌 上 阅 读
柔 和 感 的 配 色

从淡色调到白色的高明度色彩区域，能够体现出一个柔和的视觉效果。其要点是以暖色调为主，色彩对比度要低，整体的配色才能达到理想的融合感，从而营造出一种柔和、温馨的空间色彩印象。

013

Idea **013**

浅灰色的细腻与柔和

高明度的浅灰色，能够体现出空间的舒适与干练，与浅色调的米色、粉色搭配，则会传达出更加轻柔、细腻的美感。

014-1

014-2

014-3

Idea **014**

无彩色＋暖色，简洁中塑造柔和之感

深、浅灰色+白色组成客厅的主色，明快的对比体现出简洁的色彩印象，浅米色和橙红色的
融入，成功地为空间塑造出柔和之感。

给人清新感的配色创意

淡色调 + 白色 + 绿色 + 蓝色

掌　上　阅　读
清 新 感 的 配 色

从淡色调到白色的高明度色彩区域，越接近白色，越能体现出清新、爽快的视觉感。以冷色调为主，色彩对比度不需要太大，这样才能使整体色彩带给人的融合感更自然，居室氛围也会显得清新感十足。

015

Idea 015

自然色调为空间塑造清爽、舒适之感

绿色与木色是塑造自然感的最佳配色，以这两种颜色为主色来装饰的卧室显得自然、舒适，整体空间不会显得沉闷。

Idea 016

高明度的蓝色 + 白色，清新感十足的配色组合

高明度的蓝色和绿色，能体现出清新、爽快的色彩印象，再通过白色的渲染与调和，整体更具清新感。

016-1

016-2

016-3

+7

营造浪漫氛围的配色创意

明亮色调 + 紫色 + 粉色

掌 上 阅 读
浪 漫 感 的 配 色

要表现浪漫甜美的色彩印象,可以选用明亮的色调来营造出一种甜美、梦幻的感觉,其中以粉色、紫色、蓝色为最佳。

017

Idea 017

用粉红色打造空间氛围

明亮柔和的粉红色能给人带来一种甜美的感觉,尤其用在布艺元素中,会使整个空间的氛围更显甜美、浪漫。

018

019-1

019-2

Idea **018**

高明度冷色也可以很甜美

高明度的蓝色与高明度的粉色组合, 使空间的整体氛围满是甜美的气息。

Idea **019**

紫红色也能演绎浪漫基调

用低饱和度、高明度的紫色来点缀空间, 给人的感觉是温柔、甜美的, 搭配墙面的白色与沙发的浅灰色会呈现不一样的浪漫氛围。

打造厚重感的配色创意

暗暖色调 + 茶色 + 咖啡色 + 棕色

空间以暗暖色为主色调，如茶色、棕色、咖啡色、褐色等，能够打造出一个具有厚重感又不乏传统韵味的色彩印象，也是较为经典的配色印象。如果想缓解暗暖色的沉闷感，可以适当地与白色或浅色调进行搭配。

020

Idea **020**

暗暖色主导配色的厚重感

木质家具的棕色与地板的浅木色，带有温暖和厚重的感觉，加上背景墙和布艺窗帘的灰色调，
整体配色的高级感油然而生。

Idea 021

深色调具有沉稳的厚重感

家具和地面都选择深棕色调，具有十分沉稳的感觉，搭配上墙面的灰色调，呈现出厚重、奢华的感觉。

Idea 022

灰色调加暗暖色极具分量感

以灰色作为主色调，再与暗暖色调组合在一起，使整体空间的配色具有足够的层次感与分量感。

023

024-1

024-2

咖啡色的明度差，突显古典气质

以浅咖啡色作为空间的主导色，利用明度差塑造配色的层次感，使整个卧室充盈着浓郁的复古感与厚重感。

焦糖色的怀旧情调

焦糖色的沙发成为室内最深的颜色，使整体空间具有浓厚的怀旧情调。

第2章
提升空间舒适度的配色创意

色彩的运用是室内设计的重要组成部分，掌握色彩特性，熟知色彩关系，了解人对各种色彩的感知，也是一种改善空间效果的有效途径。

+1

宽敞居室的配色创意

暖色系 + 高明度色彩 + 高纯度色彩

掌 上 阅 读
宽敞居室的配色

　　暖色系、高明度、高纯度的颜色能给人带来视觉上的膨胀感，比较空旷或宽敞的房间为了避免产生空旷、荒凉的感觉，可以选择膨胀色装饰墙面，增添空间的饱满度，弱化空旷感。

025

Idea 025

暖色家具带来的饱满感

酱红色的软包床，给人带来饱满的视觉感，与背景墙的颜色形成鲜明的反差，营造出一种明

快、喜悦、充盈的空间氛围。

Idea 026

床品选择高明度色彩，一样可以增加充实感

布艺床品选择高明度色彩，让宽敞的空间看起来极具充实感，搭配暗暖色调的地板及床头墙，整体给人的感觉更加自然、舒展，富有层次感。

Idea 027

减少空间距离感的配色

墙面乳胶漆选择了纯度较高的暖色调，房间的深度一下被"缩小"，拉近了整体空间的距离感；纯度更高的单人沙发与装饰画的颜色形成呼应，点亮居室装饰美感。

028-1

028-2

029

Idea **028**

暖色提升紧凑感

皮质沙发选择鲜艳的暖红色,提升空间整体的紧凑感,与墙面的淡蓝色形成对比,活跃
了整体空间配色的层次感。

Idea **029**

高明度暖色带来柔和与舒适的氛围

暖色系的背景墙在提高了明度后,更显柔和、舒适,高明度暖色的膨胀感让卧室整体更
显温馨。

Idea **030**

加入灰色、黑色，突显高级感

温暖的木色弱化了卧室的空旷感，搭配家具的灰色、黑色，整体呈现的视觉效果内敛而高级。

Idea **031**

暖色系组合运用，营造柔和舒适的氛围

床头墙的暖色与软包床的颜色搭配协调，给人带来柔和、舒适的感受，层次分明也不显沉闷，暖色系的组合还能提升空间饱满度。

030

031

+2

紧凑小居室的配色创意

冷色系 + 低明度色彩 + 低纯度色彩

掌 上 阅 读
紧凑小居室的配色

冷色系、低明度、低纯度的颜色能在视觉上起到"收缩"空间的作用，面积较小的房间比较适合使用收缩色来提升视觉上的空旷感。

032

Idea **032**

运用冷色系，提升房间的开阔感

冷色系的床，在视觉上有很强的收缩感，与明度最高的白色搭配，让整个小卧室看起来十分宽敞、明亮。

Idea 033

利用配色来突显小房间的细节感

床和布艺沙发都选择灰蓝色调，与作为背景色的白色的融合度高，这不仅突显了房间软硬装搭配的细节感，也是让小卧室看起来更显宽敞、舒适的关键点。

Idea 034

利用背景色与主体色的呼应，增强小空间的纵深感

将深蓝色用于床头墙，视觉上有很强烈的纵深感，配合同一颜色的床品，整体收缩感更强，让小房间得以有了开阔感。

+3

狭长形居室的配色创意

暖色系 + 低明度色彩 + 高纯度色彩

掌 上 阅 读
狭 长 居 室 的 配 色

　　暖色系、低明度、高纯度的颜色能给人在视觉上带来前进色感，在较为狭长的房间内可以使用前进色来装饰墙面，以缓解空间距离感，使房间看起来丰满、紧凑一些。

035

Idea 035

暗暖色烘托氛围，缓解狭长感

棕色调的木饰面板装饰了餐厅的墙面，暗暖色带来的前进感，缓解了长方形餐厅的空旷感，

也有助于用餐氛围的烘托。

036

037

038

Idea 036

暖色系的相互搭配，提升氛围舒适感

定制家具、床、床头柜都选择了温和的木色，通过深、浅色的对比与过渡，整体色彩氛围并不显得沉闷，且低明度的暖色还缓解了卧室的狭长感。

Idea 037

缓解距离感的暖色背景墙

餐厅的中景墙运用深咖啡色的壁纸进行装饰，整体给人向前的感觉，弱化了空间狭长感，在这样的餐厅中用餐，会令人倍感舒适。

Idea 038

卧室背景色以安逸舒适的颜色为首选

暖色作为卧室的背景色，营造出安逸、舒适的睡眠环境，再利用颜色的前进感，"缩减"了空间的长度，使整体布局看起来更和谐。

狭窄形居室的配色创意

冷色系 + 高明度色彩 + 低纯度色彩

掌 上 阅 读
狭 窄 居 室 的 配 色

　　冷色系、高明度、低纯度的颜色能给人带来视觉上的后退感，狭窄或紧凑的房间，最适合选择用后退色来装饰墙面或作为空间内的主体色，这样就能在视觉上增加空间的开阔感。

039

Idea 039

主题墙大面积的采用后退色，可增加开阔感

客厅电视墙通过大面积浅蓝色的运用，给人带来视觉上的后退感，让沙发与电视墙更有距离感，浅灰色调的沙发与木质元素的组合，营造出舒适又温馨的氛围。

Idea 040

高明度色彩，增添空间纵深感

白色是明度最高的颜色，简单、干净，搭配淡蓝色壁纸，两种高明度色彩的组合装饰了卧室墙面，让整个卧室看起来宽敞了不少。

Idea 041

兼顾朝向与户型大小的配色

卧室的采光过于充足，墙面整体采用高明度的冷色，利用了冷色的吸光率与后退感，使空间变得更加舒适、安逸。

层高较低的居室配色创意

高明度颜色轻 + 低明度颜色重

　　轻色指的是在视觉上能带来轻盈感的色彩，一般浅色给人向上感，在明度和纯度相同的条件下，暖色更轻；相同色相下，纯度越高颜色越轻。如果室内的层高较低，可以在顶面选用轻色来避免压抑感。

042

Idea **042**

上轻下重的颜色配比，增加空间高度感

地面选择深棕色地板，与墙面的白色和窗帘的浅灰色形成上轻下重的配比组合，使空间配色重心居下，既显得稳重，又能在视觉上增加空间的高度感。

043-1

043-2

Idea 043

深色家具带来稳定感

空间整体的背景色都是浅色,家具的颜色较深,整体空间配色的重心给人的感觉依旧是向下的、稳定的。

Idea 044

利用低重心配色的稳定与平静之感

家居地板的颜色使空间配色的重心更显稳定,其材质不仅与其他家具材质相呼应,还能营造出一个稳定、平静的空间氛围。

044

层高较高的居室配色创意

低明度颜色重 + 高明度颜色轻

　　重色指的是色彩在视觉上的重量感，一般深色给人下沉感，在明度和纯度相同的条件下，冷色比暖色要重；相同色相下，低纯度的颜色会比高纯度的颜色重。重色适合用来装饰地面，在空间感上能够拉开上下空间的距离；在层高较高的室内，可以将重色用于吊顶的局部装饰，以避免顶面过高带来的空旷感。

045

046

Idea 045

缓解高顶空旷感的配色

棕色调的木饰面板装饰吊顶，适当地降低顶面色彩的明度，与地板的颜色形成呼应，加强了整个餐厅的空间感，同时也缓解了高顶带来的空旷感。

Idea 046

利用顶面配色实现区域划分

过渡区的顶面运用浅棕色木饰面板作为装饰，既起到了区域划分的作用，又保证了开放式空间的通透感与美感。

第3章
增加居室魅力的配色创意

不同类型的颜色组合在一起，给人以不同的感觉，有效、合理地对居室进行色彩布置，可以使室内氛围更理想化，继而增加生活情趣，提高审美品位。

同色调的配色创意

主色重复 + 面积占比 + 局部重复

　　同色调配色的整体色彩搭配比较简单，其能够体现出空间的干净、简单、和谐。同色调配色并不是指同一种颜色的简单重复，而是通过同一色相的相近色，或不同深浅、明度的变化，让空间在视觉上达到统一、和谐，同时带有微妙层次变化的效果。

047

Idea 047

利用小色差，营造稳定、温馨、恬静的居室氛围

卧室整体以灰色调作为主色调，地毯、床品、软包床、窗帘以及背景墙之间的色差不大，增强了小卧室的色彩融合度，表现出一种平和、内敛的视觉效果。

Idea 048

主体色的重复运用，层次更丰富

蓝色是客厅的主体色，通过其深浅变化体现出丰富的视觉层次感。

Idea 049

利用不同材质体现同色调的色彩层次

绿色作为卧室的主体色，分别被用在主题墙、家具以及床品中，通过不同的材质对

相同颜色的不同表现，让人感到同色调主体色的层次变化。

050

Idea 050

通过材质特点体现主体色的凝聚力

灰色调能够很好地体现出现代风格的简约感与高级感，同种颜色利用茶几、沙发、
墙面等不同材质的特点，突出了主体色的凝聚力。

Idea 051

同色的重复运用，促进融合感

将浅灰色分别用在墙面和布艺元素中，利用同种颜色的相互呼应，在视觉上产生
强烈的共鸣，这种配色方式十分有效地展现了整个卧室空间的融合感与高级感。

051

减小色差，保证配色和谐感

家具、地板以及垭口的原木色，衬托出小卧室的自然基调，减少颜色之间的色彩，使空间配色更具和谐感。

同明度、同饱和度的配色也会很和谐

米色调的床品给人带来无限的放松感，结合相同明度与饱和度的咖啡色、浅灰色，即使它们色相不同，也能通过相同的明度与饱和度实现色彩的和谐感。

邻近色的加入，提升色彩的递增感

灰白色与浅咖啡色作为主色调时，可在其中适当地加入浅灰色，让空间整体色彩搭配的递增感得到提升，体现出更加自然的色彩融合度。

+2

低明度、高饱和度的配色创意
留白运用 + 深浅过渡 + 突显层次

掌　上　阅　读
低明度、高饱和度配色

　　低明度、高饱和度的颜色，能够很好地减少空间的视觉干扰，从而营造低调、沉稳的空间氛围。因此，这类配色整体给人的感觉是宁静而内敛的。运用时，可以适当地做一些留白处理，利用白色与深色的对比，为空间增加活力的同时，还能起到突显深色调的作用。

055

Idea 055

留白让深色更有凝聚力

白色墙面的出现，避免了深色的压抑与沉闷，上浅、下深的颜色搭配，使卧室的空间感更强。

Idea **056**

加入过渡色，避免深色调的沉闷感

棕色、灰色成为客厅配色过渡的关键，弱化了白色与黑色的强烈对比，深、浅颜色的有序过渡，能缓解大面积深色的沉闷感。

056-1

056-2

056-3

057-1

057-2

058

经白色调和，让棕色与黑色的组合更具高级感

棕黄色的餐椅是餐厅配色的焦点，再通过白色与浅灰色的调和，让棕黄色与黑色的组合显得高级感十足。

类似色的加入，提升融合感

加入卡其色，作为深棕色与棕红色的类似色，使卧室整体色彩的融合度更高，体现出软硬装搭配的细节感。

Idea 059

深色为辅、浅色为主

深褐色作为辅助色，重复运用在布艺元素中，通过浅色的调和与包容，整体营造的色彩氛围十分安稳、柔和。

Idea 060

利用深浅颜色的色差，体现配色张力

墙面的白色给人简洁、干练的印象，搭配上家具的黑色与茶色，突显了家具的重量感与配色的张力，传达出简约、大气的色彩印象。

+³

对比色的配色创意

冷暖对比 + 明暗对比 + 饱和度对比 + 无彩色系

掌 上 阅 读
对 比 色 配 色

颜色的对比可分为冷暖对比、明暗对比、饱和度对比。在运用对比色配色时，对颜色使用面积的控制尤为重要。两种颜色的对比应有主次之分，可以选择其中的一种颜色作为主色调，大面积地使用，而另一种颜色小面积使用，这两种颜色在面积上的比例不能小于5∶1，这样可以避免因对比过于强烈而使人产生不适之感。

061

Idea **061**

加入中间色，提升对比色配色的融合度

黄色与蓝色，形成鲜明的对比，为空间带入无限活力，棕色调的融入，在丰富了色彩层次感的同时也减弱了蓝色与黄色的强烈的对比效果，提升了整体配色的融合度。

062

063-1

063-2

Idea 062

提高对比强度，使空间充满活力

蓝色与绯红色的对比强度较大，营造出一个清晰、分明，充满活力的客厅空间。

Idea 063

利用相同明度的灰色使对比色更和谐

客厅中运用了多种对比色，使配色看起来活泼而富有张力，而与墙面的蓝色相同

明度的灰色的运用在多组对比色组合中，起到了较强的调和作用。

064-1

064-2

065

Idea **064**

灰色提升黑白对比的舒适感

黑色与白色的对比，简单、明快，浅灰色的加入，能缓解黑白的强烈对比，不仅使配色
更有递增感，还能营造出一个更具融合感的居室空间。

Idea **065**

明度对比也需要中间色的调和

鲜艳的红色与沉稳的棕色所形成的明暗对比，为客厅奠定出温暖、喜庆的基调，米色
作为两个颜色的中间色，降低了对比强度，给人带来低调、高雅之感。

Idea 066

小面积的颜色对比，突显装饰元素魅力

白色与黄色的使用面积不大，鲜明的颜色对比使谷仓门成为室内最亮眼的装饰元素之一。

Idea 067

拉近明度与饱和度，削弱色彩矛盾以突显配色张力

黑色与棕黄色，通过向彼此拉近明度和饱和度，达到了减弱色彩矛盾的作用，也突显了配色的张力。

+4

多色调的配色创意

多色不求多 + 宜小不宜大

掌 上 阅 读
多 色 调 配 色

多色调的组合是通过对比、呼应、互补等手法来进行搭配的，以达到或鲜明，或沉稳，或活泼，或内敛的感觉。多色调的配色不必一味求多，色相差也不需太大，主色调也不用过于艳丽、浓郁。

068

Idea **068**

利用主体色的包容性

浅灰色作为客厅的主体色，有很强的包容性与调和性，地板、抱枕的颜色丰富，提升了整体配色的层次感，也不会显得杂乱。

Idea 069

多色调的点缀，可从软装下功夫

背景色选择包容性强的浅色调，能营造出一个更加有助于儿童睡眠的空间环境，若想再突出丰富、热闹、有趣的空间氛围，可以点缀一些玩偶及造型别致的饰品。

Idea 070

多色组合也可以营造安逸、舒适的氛围

米色与白色的组合，营造出一个整洁、柔和的环境，装饰画、抱枕、地毯等元素的颜色点缀，虽不抢眼，却使整个空间显得安逸、舒适。

Idea **071**

小面积点缀多种色彩，突出主体色

在以蓝色与白色作为主体色的小卧室中，小面积地添加了一些橙色、棕色、黑色，能起到突出主体色的作用。

Idea **072**

多色点缀突显风格

装饰画、抱枕、毛毯等元素的点缀，使以深色调为主的房间的色彩更有层次，充满后现代的复古美感。

第4章
不同房间的配色创意

房间的配色应根据其功能与用途的不同做出相应的调整，如客厅的大部分颜色主要以中性色为主，即在冷暖色调之间，地板、顶棚和墙壁应选择具有包容性的浅色；卧室是最让人放松的地方，不应以鲜艳的色彩为主，一般也是选用中性色，营造一种温暖、和谐的气氛。

客厅的配色创意

提升品位 + 调节光感 + 营造氛围

客厅的色彩搭配主要取决于空间整体的主色调，并考虑客厅所在的方位。如果客厅采光不佳，则尽量不要采用深色。在色彩选择方面还应做到与整体风格的统一性。由于客厅的空间一般较大，所需放置的物品较多，因此客厅的背景色，尽量选择包容性强并能与窗帘、沙发、电视墙颜色相协调的色彩，如白色或浅米色等。

073

Idea **073**

用明亮色彩来表达喜悦感

黄色的点缀，成为客厅配色的最大亮点，给人带来喜悦感，与黑色搭配，形成鲜明的对比，让整体客厅的软装搭配充满精致感。

074-1

074-2

Idea 074

充满希望的蓝色，打造居室活力

蓝色象征着宁静与希望，搭配白色，可以产生简洁、明快之感，同时与复古的橙红色形成互补，可以增加客厅配色的活力。

075-1

075-2

075-3

Idea 075

利用颜色的互补，丰富空间表情

运用一组互补色作为客厅的点缀色，让原本以白色调为主色的客厅整体感觉丰富起来；黄色、黄绿色、绿色的递增颜色组合，让整体空间更具有层次感。

Idea 076

利用米白色营造简洁、柔和的氛围

在以灰色为主色调的客厅，以米白色作为背景色，因其包容性强，整体色感也更显柔和；绿色是充满自然气息的颜色，营造出一种自然的安逸之感。

Idea 077

跳跃色彩为同色系搭配增添活跃感

卡其色作为客厅的主色调，利用不同材质如地毯、沙发、壁纸，呈现出微弱的色差，为客厅营造出一个柔和的色彩氛围。黑色和黄色的点缀，提亮了整体配色，也是个性的一种体现。

+2

卧室的配色创意

营造氛围 + 调节冷暖 + 柔化棱角

掌 上 阅 读
卧 室 配 色

　　卧室的配色原则应以保证睡眠质量为首要前提。低彩度、中彩度、中低彩度的调和色是比较合适的选择。如果卧室采光不佳，需适当地提高明度，来达到调和卧室色彩氛围的目的。通常，卧室顶部多用白色，墙壁可选用明亮并且宁静的色彩，如黄色、黄灰色等浅色，以增加房间的开阔感；地面一般采用深色，地面的色彩不能和家具的色彩太接近。

078

Idea **078**

利用色彩赋予材料高级感

间隔墙面的玻璃选择灰色，提升卧室的私密性，赋予玻璃难得的高级感，床品的颜色与其形成呼应，配合家具、地板的木色，整体色彩搭配显得休闲感十足。

Idea 079

冷色系与采光结合，营造安神氛围

青色作为卧室的主体色，配合室内良好的采光，整体给人的感觉素雅、清爽。

Idea 080

用热烈的色彩渲染空间氛围

红色+灰色+白色的配色组合，明快而热烈，高级感十足，传达出无限喜悦之感。

自然系配色让人更放松

绿色、黄色与棕色的组合搭配，突出了平和、素净的自然风韵，色彩搭配贴近自然，会使身处其
中的人感到无比放松。

有助睡眠的同色调配色

墙面与床品采用不同饱和度的黄色，既有层次感又能体现出同色调组合的和谐与安逸。

081-1

081-2

083-1

083-2

084

Idea 083

白色＋高级灰色的简洁美

干练的高级灰色通过墙面、布艺等元素呈现，优雅而从容，白色的融入与其形成的对比柔和、轻快，反衬出木地板的温暖与艺术画的明快。

Idea 084

用不同材质体现同色的层次感

浅棕色作为卧室的主色调，通过软、硬装材料的不同，体现出微弱而柔和的层次感，是营造卧室温馨氛围的关键；同时，白色缓解了浅棕色带来的单调感，让卧室看起来简洁自然、清新悠然。

+3

餐厅的配色创意

营造氛围 + 提升品位 + 协调空间

掌 上 阅 读
餐 厅 配 色

餐厅的色彩应以明朗、轻快的色调为主，最理想的色调是橙色系。在进行整体色彩搭配时，应遵循"地面色调深、墙面用中间色调、吊顶色调浅"的原则，以增加整体空间的协调感和稳重感。如果餐厅家具颜色较深，可通过明快、清新的淡色或蓝色+白色、绿色+白色、红色+白色相间的台布来衬托。

085

086

Idea 085

米白色衬托出暖木色的洁净感

餐桌椅与边柜都采用木色系，米白色的背景墙增添了空间的洁净感，是平衡大量木色单一感与沉闷感的关键。

Idea 086

明快色彩增添空间活力

墙面上面积不大的黄色成为餐厅配色的一个亮点，显得简洁明亮，让餐厅的整体色彩氛围拥有了一份活力感。

087

Idea 087

粉色调的复古感

餐厅的色彩有着十分浓郁的复古格调，浪漫的粉色搭配金色与黑色，层次分明，跳跃感十足。

Idea 088

利用颜色打造空间感

上浅、下深的墙面配色，让餐厅的色彩搭配很有节奏感，精美的壁画搭配芥末黄色的乳胶漆，整体搭配效果既有森林般的悠远意境又富有绚烂多姿的都市气息。

088

+4

厨房的配色创意

明亮感 + 洁净感 + 大小调节

掌上阅读
厨房配色

厨房是一个需要亮度和舒适度的空间，所以尽量不要使用明暗对比十分强烈的颜色来装饰墙面或者吊顶，这会让整个厨房看起来过于狭小。厨房墙面的色彩最好选择白色或浅色等明度较高、包容性较大的色彩。

089

090

Idea 089

厨房也需要自然感的色调

绿色与木色的组合自然感十足，缓解了白色的单调感，提升了厨房的色彩层次。

Idea 090

极具活力的厨房

白色会让厨房看起来更加整洁、干净、宽敞；蓝色作为辅助色，让厨房的色调更显轻盈且充满活力。

Idea 091

用色彩给厨房增温

浅木色营造了厨房温暖、柔和的氛围,弱化了黑色与白色的强烈对比,打造出别具一格的烹饪空间。

Idea 092

打造出干净、自然的厨房配色特点

绿色橱柜使整个厨房充满了自然气息,灰色与白色形成鲜明的对比,给人干净、利落的印象。

Idea 093

治愈系色彩提升烹饪乐趣

墙砖的颜色丰富且柔和,给人带来无限放松的治愈之感,与暖色调的地面搭配,舒适的配色提升了烹饪的乐趣。

+5

卫浴间的配色创意

明亮感 + 洁净感 + 空间大小调节

掌 上 阅 读
卫 浴 间 配 色

　　卫浴间在色彩搭配上，要强调统一性和融合感。过于鲜艳夺目的色彩不宜大面积使用，以减少色彩在小空间内产生过于强烈的视觉冲击感。色彩的空间分布应该是下部深、上部浅，以增加空间的纵深感和稳定感。适宜的卫浴间用色大多是浅色或者白色，因为这些颜色能够产生扩大空间的视觉感，让人感觉宽敞、干净、舒适。

Idea 094

暖色宜以浅色为主

卫浴间采用暖色进行装饰，与白色相搭配，色彩明亮、饱满，给人带来积极愉悦之感。

Idea 095

小卫浴间的配色特点以洁净为主

蓝色与白色两种颜色的组合，营造出洁净、清爽的氛围；浅灰色调的地面使小卫浴间显得宽敞不少。

096

097

Idea 096

用冷色缓解小卫浴间的狭窄窘境

蓝色装饰卫浴间的墙面，利用冷色调的后退感缓解空间因狭窄产生的不适感，增加空间感，与白色洁具形成明快的对比，使简洁、爽朗的色彩感受更加明显。

Idea 097

利用撞色提升配色节奏感

洗漱区大胆地采用橙粉色与灰色装饰墙面，这样的撞色处理提升了空间配色节奏感，配合洗漱区明亮的光线，让整个空间显得活力满满。

Idea 098

利用低明度色彩缓解狭长空间的不适感

黑色是明度最低的颜色，能给人带来很强的前进感，让原本狭长的卫浴间"缩短"了长度，黑色与白色的对比简洁、明快，十分适用于卫浴间。

098

书房的配色创意

营造氛围 + 缓解压力 + 调节光感

掌 上 阅 读
书 房 配 色

　　在搭配书房色彩时，最佳的选择就是易使人安静的颜色，以暗灰色为主，如浅灰色、灰蓝色等。蓝色是一种能让人静下来的颜色，运用在书房是最合适不过了；绿色能缓解神经紧张，可以起到保护视力的作用；黄色在书房不宜大面积运用，黄色虽然明亮而充满活力，但它会减慢思考的速度，假如长期接触，会让人感觉不适。

Idea **099**

色彩与光线的组合，让装饰效果更加清爽、素净

蓝色作为书房的背景色，比较适合光线充足的书房，冷色调与光线之间的相互调和，带来的装饰效果清爽、素净。

Idea 100

提升思考力与创造力的蓝色

书房整体以白色为主体色,可以适当地添加一些蓝色,因为蓝色可以增强人的思考能力,提高创造力。

Idea 101

绿色与白色点缀出清新、自然的色彩印象

木色与白色搭配,营造出柔和、平静的空间氛围,加入绿色、黄色,让空间充满了清新、自然的通透感。

Idea 102

利用冷色来缓解压力

拥有大面积落地窗的书房,采用清爽的蓝色可作为墙面主色调,因为冷色调有缓解视觉疲劳的作用,浅棕色的加入不仅为空间增添了沉稳的气息,还透出淡淡的温暖之感。

+7

婚房的配色创意

浪漫 + 喜庆 + 温和 + 婉约

掌 上 阅 读
婚 房 配 色

　　婚房的配色需要营造浪漫、喜庆、温和、婉约的空间氛围。红色作为中式婚房的传统色彩，可以用在床品、窗帘、抱枕、地毯等元素中，但不适合大面积运用，适当的点缀，便能起到很好的效果。粉色、紫色能使整个婚房都散发着柔和、温婉的气息，通常也是作为点缀色使用。

103

Idea **103**

红色点缀出祥和与喜庆的色彩印象

抱枕、窗帘等布艺元素中运用一些红色，不仅提升了整体空间的配色层次，还起到画龙点睛的作用，烘托出一个温暖、祥和、喜庆的空间氛围。

Idea 104

粉红色打造出柔和、婉约的婚房

粉红色能表现出女性柔和、温婉的特质,无论是作为主体色、背景色或是点缀色都可以很好地营造出婚房的浪漫氛围。

Idea 105

粉色与白色的调和,使咖啡色更显温婉

咖啡色是一种十分温暖的颜色,搭配白色、粉色可以调和咖啡色的单调感与沉闷感,使整个空间既有色彩的层次感又有温婉、浪漫之感。

Idea 106

合理的点缀,让白色拥有喜庆感

在白色中添加一些蓝色、红色,可以避免大面积白色带来的空洞感,烘托出一个明快、清爽又不失喜庆感的婚房。

女性房间的配色创意

明亮色调 + 暗色调 + 纯色调

掌 上 阅 读
女 性 房 间 配 色

黄橙色、琥珀色、淡黄色、粉色等一些高明度的颜色，能够展现出女性甜美、浪漫的性格特质，同时再搭配上白色或适量的冷色，则能让空间色调更显平静、柔和；比起高明度的淡色，稍暗并略带混浊感的暖色，更能体现出女性优雅、高贵的气质，但搭配时应注意保持色彩过渡的平稳，避免颜色产生强烈的色彩反差；用冷色系搭配柔和、淡雅的色调以及低对比度的配色，能体现出女性清爽、干练的气质。

107

Idea **107**

充满浪漫气息的紫色

白色与木色作为卧室的主体色，简洁中带有浓郁的自然之感；充满浪漫气息的紫色床品带来了一种神秘的美感，彰显了女性优雅、高贵的气质。

Idea **108**

粉色与蓝色的甜美印象

粉色调与蓝色调的组合，使卧室的配色富有变化又不显突
兀，演绎出女性房间甜美、浪漫的色彩基调。

Idea **109**

黄色与绿色搭配出自然与活力

黄色与绿色点缀在以白色为主色的卧室中，使简洁干净的
卧室一下有了生机与活力。

Idea **110**

木色与灰色调配出更加平静、柔和的色彩印象

粉色作为卧室的主色调，更加突显了女性对浪漫氛围的喜爱；浅灰色调与木色的调和，使整个
房间氛围更显平静、柔和。

男性房间的配色创意

无彩色系 + 蓝色调 + 棕色调

掌 上 阅 读
男 性 房 间 配 色

蓝色、黑色、灰色无疑是最能表现出男性特点的颜色。想要展现出男性特有的理性气息时，蓝色和灰色是不可缺少的颜色，同时与具有清洁感的白色搭配，则能显示出男主人的干练和睿智。此外，暗暖色和中性色能传达出厚重、坚实的色彩感觉，如棕色调和深绿色调，这些颜色比较适合用于中老年男性的房间。

111

112

Idea 111

白色＋蓝色＋浅灰色打造青春文艺的色彩印象

蓝色与浅灰色的搭配是一组极富力量感的色彩组合，再加上白色的调和使房间充满了青春、文艺的气息。

Idea 112

浅咖啡色与灰色组合出优雅精致的色彩印象

浅咖啡色与灰色的组合，使整个房间看起来既不压抑也不张扬，优雅、精致的居室氛围是男士的最爱。

Idea 113

木色与灰色打造宁静、舒缓的色彩印象

木色+灰色作为卧室的主色调，营造出的色彩印象是宁静、舒缓的，中规中矩的配色，突显了男士稳重与内敛的性格特征。

Idea 114

灰色 + 白色打造舒爽、健康的色彩印象

灰色+白色，明快而高级的配色，营造出一个舒爽、健康的空间氛围，让人身处其中会觉得舒适、自在。

+10

儿童房的配色创意

体现活力 + 调节光线 + 提供安全感

掌 上 阅 读
儿 童 房 配 色

儿童房的色彩搭配应以明亮、轻松、愉悦为选择原则，根据儿童性别选择颜色也是十分必要的。搭配男孩房间，可选用不同明度的蓝色、绿色。蓝色能消除紧张情绪，可作为主体色，但颜色不宜过深，以浅蓝色为宜；绿色象征和平，能起到镇静、平和的作用；粉红色是最适合女孩的颜色，不仅可以展现女孩温柔的性格，而且看起来令人非常舒适，配色上可以采用粉色加白色，两者相互呼应，显得干净又大方。

Idea 115

安逸、清爽是婴儿房配色的首选

高明度、低饱和度的颜色给人清爽、明亮、欢快之感，十分适用于婴儿房的配色；浅粉色搭配浅蓝色，视感柔和、清爽，营造出一个十分安逸、舒爽的氛围。

116-1

116-2

117

Idea 116

黄蓝组合，营造男孩房的活力与欢乐

选择鲜艳的黄色与蓝色来装饰男孩房间，强烈的色彩对比营造出活力、欢乐的空间氛围，是一种有益于孩子身心健康的配色。

Idea 117

浅黄色打造甜美、明快的女孩房配色

浅黄色与浅绿色的色彩过渡自然，给人的色彩感觉是轻柔且明快的，既能展现出女孩的温柔与甜美，又能彰显出孩子活泼可爱的天性。

Idea **118**

粉红色是多数女孩的最爱

低明度、低饱和度的粉色，能给人带来一种安静、甜美的感觉，是多数女孩喜欢的颜色，与白色组合，提升甜美感，整体显得整洁、干净。

Idea **119**

通过蓝色丰富的层次，增加儿童房使用年限

蓝色能让人联想到天空、海洋，是自由的象征，有助于培养男孩子活泼、独立、坚毅的性格；通过明度与饱和度的调节，使蓝色更有层次，满足不同年龄段对颜色的感觉。

第5章
不同风格居室的配色创意

从色彩基本原理入手，通过色彩的组合来体现不同居室风格的特点，是加深风格印象的有效切入点，利用合理的色彩组合，营造舒适的居室环境，是任何一种装修风格的必修课。

+1

现代风格居室的配色创意

无彩色系 + 棕色调 + 冷色系 + 暖色系

掌 上 阅 读
现 代 风 格 配 色

现代风格居室配色多以白色、灰色、黑色为主，再选择饱和度较高的色彩作为跳色，或选用一组对比强烈的色彩来进行点缀，以彰显空间的个性。

120

Idea **120**

控制黑色的使用面积，提升空间色彩搭配的平和感

白色+灰色+黑色的配色，在现代风格居室中有着很重的地位，其中以灰色、白色占比最

大，这样可以减少黑色的影响力，让整个居室的色彩搭配效果更加平和。

Idea 121

白色与木色让灰色更具温度感与洁净感

客厅整体以灰色作为主色，突显了空间配色的时尚感与高级感，白色和木色的融入，使客厅看起来更加简洁和富有温度感。

Idea 122

无彩色＋暖色突显现代风格的活力与时尚

灰色+黑色+白色与高饱和度的橙色相搭配，使原本沉稳、内敛的空间有了活力、时尚之感，同时也带来了温馨和亲切感。

Idea **123**

原木色的运用，提升空间暖意与自然感

将大量的木色运用在无彩色的组合中，让原本简洁、明快的空间有了暖暖的自然之味，
小范围地融入一些绿色会让室内的自然气息更加浓郁。

Idea **124**

无彩色系＋冷色系，提升空间简洁感的配色

白色和灰色作为空间的主色与背景色，再控制黑色的使用比例后，添加一些绿色作为点
缀或辅助配色，就能营造出简洁、舒适的空间氛围。

125-1

125-2

Idea 125

白色赋予多色组合更高的魅力值

现代风格居室对色彩的偏爱并不局限于黑色、白色、灰色这三种,使用多种色彩组合,更能彰显出现代风格别具一格的美感;多种色彩组合配色的最佳搭档是白色,白色可以弱化多色的喧闹感,让整个空间看起来明快且具有活力。

+2

中式风格居室的配色创意

棕色调 + 米色调 + 暖色系 + 冷色系 + 无彩色系

掌 上 阅 读
中式风格配色

中式风格主要以代表喜庆与吉祥的红色、黄色、蓝色作为主要色调；而新中式风格则以黑色、白色、灰色三色组合或与大地色进行搭配组合，以营造出一个典雅、素净的空间风格。

Idea 126

开放式空间宜选择白色或米色作为背景色

用白色和米色作为开放式空间的背景色，包容性很强，也能很好地衬托出棕色调的沉稳、大气之感。

Idea 127

棕红色调展现内敛与大气的中式美感

家具作为客厅的绝对主角，其复古的棕红色调很能表现出传统中式风格沉稳、内敛的格调，结合浅色调的背景，整体氛围更显和谐、舒适。

Idea 128

明快色调点缀出祥和之美

黄色、蓝色、绿色作为客厅的点缀色，明快的颜色能够打破传统风格主色的沉闷与单调，塑造出祥和、富贵的中式风格居室。

129

Idea **129**

白色＋黑色，让小客厅更显宽敞

用简洁的白色作为背景色，黑色作为主题色运用在主要的家具中，使整个客厅看起来宽敞、明亮，再点缀上色彩丰富的布艺织物，使得整个简洁的空间氛围中有了喜庆感。

130

Idea **130**

用浅色弱化深色的沉重感，使室内色彩更显温馨

浅卡其色作为背景色，弱化了深色家具的沉重感，使整体空间更加柔和、温馨；再通过一些布艺元素进行点缀修饰，将中式风格的精致与奢华完美展现。

Idea 131

少量的对比色提升美感

蓝色与黄色用作点缀色来装饰客厅，使用面积虽不大，但可让空间的整体色彩更有层次，也更能突显传统风格的古典美。

Idea 132

灰色+白色的组合，常用的安全配色

灰色与白色作为卧室的主色调，运用起来不受空间面积的限制，若想为空间增添一些活力，可以适当地融入一些绿色作为点缀。

Idea 133

用浅色背景调和深色

浅灰色+白色作为背景色，能弱化深棕色家具的沉重感，颜色的深浅组合呈现的视觉效果明快中带有古典风格居室的稳重感。

美式风格居室的配色创意

大地色 + 白色 + 暖色系 + 冷色系 + 淡色调

掌上阅读
美式风格配色

　　传统美式风格多以茶色、咖啡色、浅褐色等大地色系作为主体色，通过相近色进行呼应，使空间展现出和谐、舒适、稳重的风格特点；现代美式风格以暖白色或粉色等色调为主，再搭配灰色、黑色或咖啡色等素雅、内敛的颜色作为第二主色，营造出鲜明、利落、时尚的空间氛围。

134

Idea **134**

大地色打造复古风浓郁的美式风格空间

棕色、米色、咖啡色、茶色等不同的大地色分别被运用在墙面、地面及家具中，通过不同材质表现出色彩更加丰富的层次，营造出一个复古风浓郁的传统美式风格空间。

Idea 135

白色 + 冷色系，展现清爽、雅致的美感

白色作为背景色，家具、饰品等软装元素可以选择一些淡雅的冷色系，这样可以使整体空间呈现出清爽、雅致的美感。

Idea 136

大地色 + 白色 + 米色

以白色或奶白色作为背景色，搭配具有厚重感的棕色调作为主体色或辅助色，可营造出明快不失稳重的空间氛围；再适当地融入一些米色调进行调和，则会使整个空间的色调过渡更加平稳，让整个空间更加柔和、舒适。

137

138-1

138-2

Idea 137

无彩色与暗暖色的组合展现时尚且复古的美感

以明快的白色作为调和色，同时运用了灰色调、棕色、咖啡色等内敛的色彩来装饰家具，与
白色形成鲜明的对比，从而展现出一个时尚又复古的美式风格空间。

Idea 138

大地色组合运用，营造出浓郁的复古风

墙面、地面及家具都可以选用不同深度的棕色、米色、咖啡色或茶色等大地色，再通过不
同材质的色彩表现来突显层次，营造出一个具有浓郁复古风的美式风格空间。

Idea 139

浅色的背景色促进整体配色的和谐感

用棕色与金色分别作为空间的主体色与辅助色，可带来高雅、华丽的视感，背景色选择具有洁净感的浅色，可以让整个居室的配色更和谐。

Idea 140

同一色调的搭配运用

将不同深浅度的棕色搭配运用，既可在配色方面带来和谐的"律动感"，也可以使整个空间更加舒适和更具有整体感。

Idea 141

绿色是营造空间自然感的关键

绿植在美式风格居室中有着不可替代的作用，其既可以调和大地色调带来的沉闷感，也可以使浅色背景看起来更有简洁感，还可以为传统的美式空间带来浓郁的自然感。

田园风格居室的配色创意

绿色 + 白色 + 暖色系 + 冷色系

掌 上 阅 读
田 园 风 格 配 色

田园风格在色彩方面多会以黄色、粉色、绿色、白色、蓝色等一些具有清新感的色彩为主。利用同一色相中的两到三种颜色进行搭配，然后再选择一种深色或浅色进行点缀，这样可同时彰显出活力与自然的气息。

142

Idea **142**

高明度、低饱和度的冷色系

田园风格居室中的冷色系多以蓝色、绿色为主，绿色可增添居室的自然感，蓝色会使居室更显清爽。

冷色系作为背景色时尽量选择低饱和度、高明度的颜色。

143-1

143-2

144

Idea 143

绿色与白色的组合

绿色是极具田园风格特点的色彩之一，可以作为背景色、主体色、辅助色或点缀色运用在田园风格空间内，可深可浅、可明可暗，与白色搭配，能够彰显出田园风格清新、自然的韵味。在运用绿色+白色这种配色进行居室色彩搭配时，如果室内空间较小，建议将白色作为背景色，可大面积使用，而绿色则更加适合作为辅助色或点缀色使用。

Idea 144

多种大地色的组合

运用多种大地色进行配色时，建议运用较浅的颜色作为背景色，以保证空间明亮、清新的感觉。较深的颜色则更加适用于木质家具或地板等元素中。

145-1

145-2

Idea 145

浅黄色作为背景色，营造舒适、轻松的空间氛围

浅黄色能为空间带来鲜活、明朗的视感。以白色作为主体色，浅黄色作为背景色，再通过一些软装元素的色彩作为点缀，可使整个空间给人一种舒适、轻松的感觉。

Idea 146

大地色 + 多种色彩

与大地色搭配的蓝色、绿色、黄色等色彩可体现在沙发、窗帘、抱枕等元素中，再适当地搭配咖啡色、棕色或褐色的木质家具或地板，可营造出活泼、淡雅、细腻的风格特质。

Idea 147

大地色与白色的明快对比

大地色与白色搭配运用，增添了空间清新、自然的质感，同时又不失乡村田园风格的温暖与亲切。

地中海风格居室的配色创意

白色 + 蓝色 + 大地色

掌　上　阅　读
地 中 海 风 格 配 色

地中海风格源于希腊海域，以粗犷的肌理、夸张的线条与花草藤蔓的围绕作为体现其古朴原始风貌的重要表现方式。其色彩一方面常用蓝色和白色相搭配，以给人带来一种干净而又清爽的感觉；另一方面则充分运用大地色，来展现其沉稳、低调的风格韵味。

148

Idea **148**

米色调 + 浅棕色的组合

米色调与浅棕色可以很好地塑造出地中海风格的质朴感，再辅以白色、蓝色等经典配色，营造出地中海风格蓝天白云般的广阔、浩瀚之感。

149

150

Idea **149**

蓝色 + 对比色

将浅蓝色作为背景色,再点缀黄色与蓝色、黑色与白色的对比色组合,可使空间的色彩层次更加丰富,也突显出浅色背景的洁净感。

Idea **150**

蓝色 + 白色

使用蓝色作为主体色,白色作为背景色或辅助色,以体现出清新、凉爽的海洋韵味;或者以蓝色、白色相间的图案形式出现,也可以丰富空间色彩的层次感。

151-1

151-2

Idea 151

大地色 + 蓝色

大地色与蓝色的搭配，兼备了亲切感与清新感。若用蓝色作为主体色，则能使空间更具有稳重感；若以大地色作为主体色，则令空间更加亲切、自然。

152

Idea 152

白色 + 大地色 + 绿色

以白色或浅米色为背景色，以绿色作为点缀色，搭配棕黄色或棕红色，再融入一些冷色系进行辅助修饰，就可让人感觉到自然的气息，以及极富地中海风情的厚重感。

Idea 153

蓝色 + 米色 + 白色

相比蓝白搭配的清爽与干净，米色的融入与白色形成了微弱的层次感，为配色效果增添了柔和的美感。

Idea 154

棕色调与蓝色的组合

棕黄色作为主色调，低明度的暖色系能增添空间的质朴感与沧桑感，搭配低明度、高饱和度的蓝色，可让空间展现出大地般的浩瀚感觉和海洋般的自由情怀。

北欧风格居室的配色创意

木色 + 无彩色系 + 冷色系 + 暖色系

掌 上 阅 读
北 欧 风 格 配 色

　　北欧风格善用原木色来表现空间的自然气息。此外，还偏爱运用黑色、白色、灰色、绿色、蓝色、黄色、粉色等的搭配运用，使空间的整体色彩特质更加活泼、明亮，给人以干净、明朗的感觉。

155

156

Idea **155**

营造柔和氛围的低明度色调

若要营造柔和、纯净的空间氛围，可以选择低明度、低饱和度的蓝色作为主体色，同时搭配白色或浅灰色进行调和，整体色彩氛围更和谐舒适。

Idea **156**

多种色彩的点缀

粉色、蓝色、绿色、黄色、金色的运用，丰富了整个空间的色彩氛围，使用面积不需要太大，体现在小件家具、饰品、花艺或布艺中即可。

Idea **157**

无彩色系的组合

以灰色、白色以及黑色进行搭配时，加入黄色可以有效地为空间增添色彩跳跃感与温度感，同时与自然系的原木色色温相符，既能延伸出丰富的层次感又不会显得过于突兀。

Idea **158**

经典的原木色

原木色用在家具及地板中，通常会配以大面积的白色或高明度的颜色进行调和，白色或高明度的颜色可以让空间更有洁净感，而原木色可以缓解白色或高明度的颜色的清冷，让空间展现出更加休闲的风格特点。

159

160

Idea 159

绿色营造清新、文艺的北欧格调

绿色作为主体色或背景色时，通过适当地降低其饱和度，提高明度，可使空间风格更加
清新，也更能突显出北欧风格清爽、文艺的风格特质。

Idea 160

自然色系的点缀运用

浅卡其色、浅米色、浅绿色等自然色系的组合运用，即以浅卡其色、浅米色等暖色调为
背景色，浅绿色作为点缀色，可使空间色彩层次明快，自然韵味十足。

Idea 161

高明度色彩的点缀运用

用高明度的暖色如黄色、粉色，作为空间的点缀，能弱化白色背景的单一与棕色调的沉闷，营造出一个活跃、丰富的空间氛围。

Idea 162

冷色系的运用

想要营造简洁、舒适的空间氛围，可以选用饱和度相对高一些的蓝色、绿色与白色、灰色、原木色进行搭配。

161-1

161-2

日式风格居室的配色创意

白色 + 木色 + 冷色系 + 暖色系

掌 上 阅 读
日 式 风 格 配 色

日式风格最大的特点是注重自然之感，配色上讲究协调统一。以原木色为主，通常与白色、米色、浅咖啡色、浅灰色等素雅的色彩组合搭配，局部点缀绿色，营造干净、清爽的家居氛围。

163

Idea **163**

同色调的组合

浅米色、浅棕色、木色的组合，色差不大，却可以使整个空间的氛围更加温暖、平和；同时加入白色，可以增添空间的洁净感与安逸感。

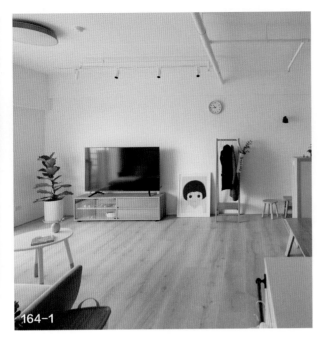

Idea **164**

明快的绿色增强自然氛围

木色和浅卡其色的组合,饱和度低,若想丰富色彩层次又不破坏整体配色的和谐感,可以用绿色进行点缀,绿色可表现为一株绿植或是一块绿色地毯、一组绿色沙发等。

Idea **165**

粉色调的柔和之美

日式家居中的粉色以高明度、低饱和度的浅粉色居多,配以白色墙面,木色地板及家具,整体给人的感觉柔和而安逸。

166-1

166-2

167

Idea **166**

用高饱和度与高明度的颜色点亮居室

高饱和度的颜色用在日式风格居室中，其使用面积的大小可以根据居室的面积及采光条件
来决定，利用高饱和度色彩极强的表现力可提升空间的色彩层次，还不会显得突兀。

Idea **167**

高级灰色的魅力

灰色与原木色是日式家居装饰中使用率较高的配色，原木色用在地板及木质家具中，高级灰
色作为过渡色，可以用在沙发、地毯或窗帘中，以体现日式风格的淡雅之美。

Idea **168**

暗暖色调的辅助，增强室内氛围

窗帘、地毯等元素的颜色可以选择高饱和度、低明度的暖色调，这些颜色可起到增强居室氛围的作用。

Idea **169**

白色＋原木色的经典组合

白色和原木色的组合是日式家居空间中使用率较高的色彩组合，白色具有整洁、干净的视感，木色则源于自然，两者搭配能彰显出素淡、雅致的日式品位。

东南亚风格居室的配色创意

多色组合 + 纯色调 + 棕色 + 绿色

掌 上 阅 读
东 南 亚 风 格 配 色

东南亚风格的色彩多以不同深浅的棕色、褐色和绿色等大地色系为主，取色自然，色彩饱满度高，尤其善用棕色。东南亚风格的色彩多通过布艺元素体现，硬装则更倾向于选择棕色、褐色等深色。

170

Idea **170**

浓郁色调的组合

高饱和度、高明度的浓郁色调是东南亚风格居室中比较常见的用色，在空间面积及采光条件

允许的情况下，可根据业主喜好进行选择。

Idea 171

深浅棕色调的组合

东南亚风格居室中家具、地板等元素的颜色多会选择棕色调,通过其深浅变化组合来突出层次感,再结合软装元素的华丽色彩,可展现出极具东南亚风格的奢华之美。

Idea 172

大地色与紫色组合,展现神秘感与浪漫感

紫色有神秘、浪漫之感,用在床、床品等元素中,再结合浅卡其色、棕色等风格内敛的大地色,更能体现出空间的奢华感。

173

绿色点缀出雨林般的自然感

大地色与绿色的组合是一种源于热带雨林的自然配色，两者间的明度对比尽量柔和，这样才能彰显出东南亚风格的细腻与朴素的美感；若想空间更有层次感，可以加入米色或白色进行调节。

利用对比色赋予大地色活跃感

在以棕色调为主色的空间中，想要提升色彩层次感可以适当地添加一些对比色，如黑色+白色、红色+绿色等，这些颜色可以体现在家具边框、桌布、花艺以及工艺品中。

174